Illustrations: Stéphane Poulin

Texte: Loui

LES ANIMAU

ÉDITIONS
MICHEL
QUINTIN

Pellicule, photographe animalier

Pellicule rentre encore une fois d'un safari-photo. Toujours plus nombreux, ses jeunes admirateurs lui demandaient:

— Que peuvent bien faire les animaux en hiver?

Alors, le fameux photographe animalier a décidé de se renseigner à la source. Après quelques aventures cocasses, il a croqué sur le vif la... ou plutôt les réponses.

Voici son album souvenir.

Ils changent de fourrure. Certains deviennent tout blancs.

Ils changent de maison ou de territoire.

Ils font des provisions pour tout l'hiver.

Ils déménagent dans le sud...

...c'est la migration.

Somnolant tout l'hiver,

ils se réveillent quelquefois...

c'est la léthargie.

Ils dorment profondément tout l'hiver...

...c'est l'hibernation.

En hiver, dans les pays tempérés, il fait froid, la nourriture est rare. Voici comment les animaux font face à la situation.

Ils s'accommodent de leur sort. Actifs tout l'hiver, ils sont équipés en conséquence. Un pelage ou un plumage plus dense emprisonne l'air chaud près du corps. Des réserves de graisse améliorent l'isolation. Une fourrure blanche conserve la chaleur près du corps en la réfléchissant.

Ils cherchent un meilleur abri contre le froid: les écureuils délaissent le nid de feuilles pour le creux

d'un arbre; chevreuils et orignaux déménagent dans les ravages, où les conifères les protègent des intempéries et leur permettent de circuler plus facilement.

De petits animaux prévoyants emmagasinent des provisions: graines, noix et racines pour les écureuils; réserve de bois pour le castor; vers de terre pour la taupe à queue velue.

Ils préfèrent échapper aux conditions de vie difficiles. Ils migrent dans le sud pour y trouver chaleur et nourriture. Ou bien ils paressent, somnolent, se réveillent de temps en temps; c'est la léthargie ou pseudo-hibernation. Les autres hibernent; vivant de leurs réserves de graisse, ils préviennent la dépense d'énergie au maximum en dormant d'un sommeil profond tout l'hiver.

Nom des espèces illustrées dans le livre, de gauche à droite.

Lemming d'Ungava, hermine, lièvre d'Amérique, lièvre arctique, renard arctique, belette à longue queue p. 4, 5.
Orignal, écureuil gris, écureuil roux, cerf de Virginie p. 6, 7.
Castor, écureuil roux, écureuil volant, taupe à queue velue, écureuil gris p. 8, 9.
Papillon (monarque), caribou, hibou, chauve-souris, canard, albatros, hirondelle p. 10, 11.
Rorqual bleu, rorqual à bosse, cachalot macrocéphale (de haut en bas) p. 12, 13.
Ours noir, tamia, ours polaire, raton laveur, mouffette p. 14, 15, 16, 17.
Souris sauteuse, couleuvre, tortue, grenouille p. 18, 19.
Marmotte, chauve-souris p. 20, 21.

Données de catalogage avant publication (Canada)

Poulin, Stéphane

Les animaux en hiver

(Pellicule, photographe animalier)
Pour enfants.

ISBN 2-920438-14-X (br.) 2-920438-39-5 (rel.)

1. Mammifères - Ouvrages illustrés - Ouvrages pour la jeunesse. I. Beaudin, Louise, 1948- . II. Titre. III. Collection: Poulin, Stéphane. Pellicule, photographe animalier.

QL755.P68 1987 j599'.0022'2 C91-090998-9

Dépôt légal, 3e trimestre 1987
Bibliothèque nationale du Québec
Bibliothèque nationale du Canada

C.P. 340, Waterloo, Québec,
Canada J0E 2N0

Imprimé à Hong Kong

2-920438-14-X 10 9 8 7 6 5 4 3 2
2-920438-39-5 10 9 8 7 6 5 4 3 2 1